仙台郵趣会叢書2

追放切手

木村勝が残した資料「追放郵便切手関係文書綴」

Japanese Stamps in Exile

横山 裕三　齋 享

Author : Hiromi YOKOYAMA, Toru SAI

Publisher : Stampedia,inc.

President & Editor in Chief : Takashi YOSHIDA

Date of Issue : 13th Jan. 2019

Number of Issue : 150

Price : 1,080 Yen in Japan, 10Euro or $12 overseas

© Copyright by Stampedia, inc,
7-8-5-902 Roppongi, Minato, Tokyo, 102-0083
Printing: P & A, inc. Tokyo

目　　次

	はじめに	2
1	「追放郵便切手関係文書綴」ダイジェスト	5
2	文献からみた勅額切手	13
3	勅額切手の発行経緯をまとめた木村勝の自筆メモ	25
4	切手葉書の追放に関する切手と郵便物の取扱例	31

はじめに

横山 裕三

　福島市ふれあい歴史館には、地元福島の先駆的収集家であった金子一郎氏が入手し、同館に寄贈した「切手画家木村勝氏が残した資料」が大量に収蔵されている。その資料の殆どは、木村が逓信博物館技官として制作を担当した切手や葉書の原画と、その作成過程を記した日誌やメモ類である。

　官庁や大企業は、施策や事業の実施にあたり担当部局から案件ごとに「稟議書」という形で関係者に回覧し、組織のトップまでの決裁を仰いで実行するという意思決定の回議システムを持っている。普段、このような内部文書は外部に出されることはないのであるが、木村が在職していた時代は、文書管理の概念が希薄であり、当の木村自身の弁によれば、「終わった事案の資料類は、上司の許可があれば自身で保管し続けることができた」とのことである。（金子一郎氏の談）

　その中に、木村が終戦直後に遭遇した、ＧＨＱの指示による軍国主義図案の切手及び葉書の追放（昭和22年9月1日実施）に関する内部資料の綴があった。本書のPDFダウンロード版は、この綴の資料のうち、重複しているものを除いて再編集したコピー集である。

　綴の関係書類は、必ずしも木村自身が起案執筆したものではないので、切手及び葉書の追放という大きな事案が一段落した後に、木村自身が関係書類を集めて編纂したものと思われる。終戦当時、木村は逓信省総務局総務課周知係長に就任していた。『郵趣』1970年8月号（日本郵趣協会）の「切手画家のたわごと（3）」に寄稿した木村の言葉によると、「戦時中、逓信省切手周知係長は、通信防諜とか利用規制のＰＲなどというパットしない仕事を抱えて総務局総務課に移され、われわれは消すことのできない切手造りの火元の故に、郵務局兼務という肩書をもらった」とのことで、引続き切手計画の中心になっていた。この総務局と郵務局を兼務して切手発行に関わっていた立場が、関係書類を集めて手元に残すことができた理由であろう。

　綴の冒頭には、几帳面な木村により作成された目録がある。①から⑩までの整理番号を与え、整理番号ごとに表題頁を付けてそれに関係する書類が綴じられている。それは、稟議書案件ごとに編纂されているのであるが、その都度関係する文書またはその写しが添付されるので、重複している文書が多々ある。また、書類が前後していることもある。そこで本書では、文書の重複をできるだけ割愛するとともに、木村の整理内容に準拠しつつも全体として時系列的に再構成した。これらの文書はＢ5版（またはＢ4版二つ折り）サイズで、右開き、厚い簿冊形式で綴られていたため、外してコピーすることが不可能であったことから、簿冊を開いて写真撮影した画像をトリミングして調整した。また、また、経年による紙の変色と劣化が進んでいる。そのため、色調、明度、鮮明さに難があるものが多く含まれている点は、ご容赦いただきたい。

　本書に収めた資料の一部の内容は、篠原宏著『大日本帝国郵便始末』（日本郵趣出版、1980年）や荻原海一氏の『追放切手は追放解除になっていた』（日本郵趣出版『郵趣研究』2014—3（118号）掲載）において活字化され、著者により解説されている。しかし、当時の担当者たちの稟議書や打合わせ会議等のメモ類は、緊迫したＧＨＱとの関係や、交渉から実施に至る部内検討の過程を、臨場感を持って再現してくれるような気がする。その読みどころを以下に記す。

　第一章は、「敵国降伏」勅額図案の10銭切手の処分について、終戦直後の昭和20年8月22日に起案された通牒である。その前の検討記録が文書として添付されていないのが残念である。

なお、この通牒では遡及告示の番号は記しているものの単に「10銭切手」と記載されたことから、当時発売されていた「大東亜共栄圏」椰子の木と地図図案の10銭切手と誤解されて対応された実例がある。

　第二章は、日本の切手と通貨の図案に関して、昭和21年5月13日付でＧＨＱから初めて発せられた指令の内容である。その第二項で、「対象となるのは昭和20年12月15日以降に発行されたものから」と謳っているところが興味深い。

　第三章は、ＧＨＱ指令に基づく靖国神社図案の１円切手の売捌き停止と処分に関する通牒、並びにＧＨＱ指令に対する回答である。同じ靖国神社図案の17銭切手については、指令の第二項に該当しないから『対象外』と断じている。

　第四章から八章までは、軍国主義図案の切手及び葉書の追放を定めた「逓信省令第二十四号」発出までの経緯である。それは、前年5月の指令から一年を経過しても、また新憲法が公布されても、未だに軍国主義図案の切手類が流通している事態に苛立ったＧＨＱが、昭和22年5月1日に逓信省郵務局に掛けた一本の呼び出し電話から始まった。その日から、省令の官報掲載の7月23日までの経緯を示す簡単な日誌風のメモが残っていた。ＧＨＱからは法律でやるとの指示もあったが、最終的には省令(昭和22年逓信省令第二十四号)で実施された。この第四章では、日誌風のメモをだけ収録した。

　第五章は、昭和22年5月2日にＧＨＱに呼び出されて指示を受けた郵便切手類の提出についての、逓信省からの回答である。

　切手は、昭和12年以降発行の切手を、１.現在製作発行中のもの、２.製作は禁止されたが売捌き中のもの、３.販売禁止のもの(１円靖国神社)、４.ストックを破棄し郵便として差出した場合、剥ぎ取るものということで整理し、1は現物を、2は現物が揃わないので写真版を、3は全部破棄したので郵務局のサンプルを提出することとした。なお、記念・特殊切手は、一時的なもので残品もないことから提出は省略された。

　第六章は、郵便切手の廃止と引換えについて、その対象と方法等に関する郵務局内部の検討会の資料とメモである。最初の資料には22年5月22日の書込みがあるが、検討は月末まで続き、ＧＨＱとの交渉で承認を得るのにはさらに7月初旬まで要している。「郵便切手の廃止について」という資料が重複しているが、これは検討会の都度複写していたものか、あるいは出席者が所持していたものを回収したかであろうが、修正の加除訂正やメモ書きにより時系列的に整理すると、方策が煮詰まっていく過程を再現できるかもしれない。

　検討期間中の5月27日には、該当する切手と葉書を直ちに売捌き中止することを各逓信局長宛に電報で示達した。葉書は、5月26日にＧＨＱから、楠公図案の葉書を加えることを指示されたことによる。

　6月20日付で「引換後の切手と葉書の処分方法」が起案されたが、これについては第七章の省令が告示され8月1日からの交換が開始された後の8月17日に決裁されている。切手は、計画している日本郵便切手帖調整用及び来るべき外国貿易再開時に外国の収集家向けの輸出用として200万枚を別途保管、葉書は、カードなどに使用するため多数購入を希望する者に額面で売却すること、郵便競技会用擬信紙として必要部数を使用することが計画されていた。そして、残余のものは、最終的に製紙業者に引き取らせて煮潰した後に、仙花紙などに製紙して切手付封筒及び書留用封筒に使用することとなっている。

第七章は、7月24日発行の官報に掲載した逓信省令第二十四号の文案の稟議や、切手及び葉書の廃止と引換えを実施するための実際の実務作業や公衆周知の状況である。稟議書は、ＧＨＱから省令による実施と省令案が承認された直後の7月10日に起案され回議が始まっている。

　葉書に切手を貼付してある場合の取扱い、楠公葉書の印面を隠して使用することへの注意、記念特殊切手や寄付金付き切手は禁止対象外であることなどの指示が興味深い。

　また、当局では当初、切手の交換開始を7月20日から、使用禁止を8月21日からと計画していたが、最終的に交換開始は8月1日から、使用禁止は9月1日からとなった。これは、第四章冒頭に掲載した日誌によれば、省令文面について文書課との調整があったため、決裁が7月19日にずれ込んだからであった。

　第八章は、9月1日から使用が禁止となって一カ月半後の10月中旬頃に検討された楠公葉書の特例使用についてである。民間で抱えていた大量の在庫消費のため、11月1日から三ヵ月間の特例使用についてＧＨＱを説き伏せて合意したのであるが、既に交換を開始して二カ月経過して在庫も減り、印刷済みのものは交換に応じれば良いということで、その後に自ら撤回している。稟議書用紙の上部余白を中心にして記された顛末を示すメモ書きが生々しい。これは、今まで明らかになっていない事実である。

　第九章は、郵便局現場における追放切手類の引換え事務が、如何に煩雑であったかが類推できる資料である。

　第十章は、追放切手類の引換え開始から半年後には、引換郵便局を都道府県庁所在地局に限定し、さらにその一年後には東京中央局一局に限ることにした経緯である。

　このように、軍国主義図案の切手と葉書の使用禁止と引換えは実施され、郵便物を引受けた郵便局が禁止対象の切手や葉書の使用を発見した場合は、剥ぎ取り処置、差出人戻しや注意の付箋貼りがなされた。それでも、見逃し使用などの実例はある程度存在しており、これらの郵便物は、戦後の郵便史において貴重なアクセントとなるもので、人気のある収集対象となっている。このような取扱いの実例を、小冊子版に収録した。

　なお、逓信省令第二十四号は廃止されているか否かが明確ではないため、この省令が現在でも有効か否かは議論のあるところである。これについての一つの回答は、前出の荻原海一氏による『追放切手は解除になっていた』と題する論文であろう。それには、「占領下に制定された法令は、昭和27年4月28日から発効したサンフランシスコ平和条約に伴い同年4月11日に成立した法律第八十一号に基づいて、条約発効から180日以内に新たな代替法律を制定すれば継続することになったのであるが、昭和22年逓信省令第二十四号は、代替法令が制定されなかったので同年10月27日（注　論文では7月27日となっているが、誤植と思われる。）をもって失効したことにより、追放切手の追放は解除された。」という主旨の見解が示されている。参考にしていただきたい。

　勅額切手は、空襲による印刷局本庁舎と大手町工場の焼失（昭和20年2月25日）、滝野川工場の焼失（同20年4月14日）という混乱の中で、告示無しで出現したもので、後に遡及告示されたものの当時の収集界では大騒ぎとなった。その騒ぎをまとめた『郵趣手帖7号』（昭和33年6月30日発行）の記事「文献から見た勅額切手」を参考に供するため、引用・編集して小冊子版に掲載した。

　さらに、木村自身が後日に、勅額切手の発行経緯をまとめた雑誌投稿用の原稿と思われるメモが見つかったので、これも小冊子版に付け加えた。

4

1 「追放郵便切手関係文書綴」ダイジェスト

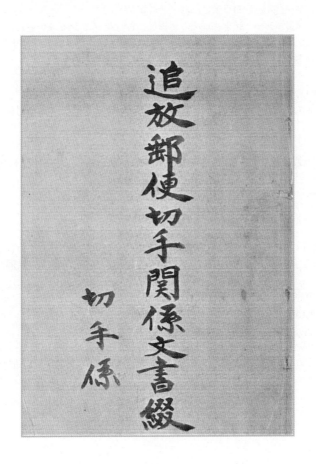

「追放郵便切手関係文書綴」ダイジェスト

　福島市ふれあい歴史館が収蔵する、木村勝が残した資料「追放郵便切手関係文書綴」を郵趣界に紹介しようと企画しましたが、編集したところ約300ページ近い大冊になってしまいました。書籍化した場合の頒布価格は、印刷方式に比較的安価なオンデマンド印刷を選択しても一万円をはるかに超えてしまうことがわかりました。そのような金額では、広くこの情報を世の中に知らしめたい私どもの意図は達成することができません。

　長らく発行方式に頭を悩めておりましたが、無料世界切手カタログ・スタンペディア株式会社の吉田敬社長より、大半のページを占める「文書綴」部分をダイジェスト紹介にとどめた冊子を発行の上、オプション（別料金）で、全ページを提供する方式をご提案を頂きました。この提案は渡りに船となり、トントン拍子に話が進み、今回の冊子発行となりました。

　以上の経緯により、本項では「追放郵便切手関係文書綴」をダイジェストで紹介いたしますが、全ページを以下の通りの方法で提供いたします。合わせてお申し込みをご検討ください。

（1）冊子
　カラーコピー簡易製本した書籍（2分冊）を販売いたします。（12,000円 送料込）
　お申込は、郵便振替で以下にお申し込みください。
　ゆうちょ振替口座　００１００－６－３２３６３８　　加入者名　吉田敬

（2）PDF
　本書を購入した「スタンペディア日本版」会員は、以下の手続きを完了することで「マイスタンペディア」にてPDFを会員在籍期間中、ダウンロードできるようになります。（無償）

　[手続き]以下の電子メールをお送りください。
　①　宛先：tpm@stampedia.net
　②　追放切手PDFダウンロードーの手続き依頼
　③　内容：住所・氏名・いつどこで本書を購入したか
　＊本サービスは「スタンペディア日本版」会員に対する限定サービスです。（年会費3,980円）

一　十銭切手の措置　　　　　　　　　　　　　　　　　　P.5-8

1　十銭郵便切手ノ措置ニ関スル件
（電報文案稟議書　昭和二十年八月二十二日起案）

二　ＧＨＱよりの指令並びにその通報　　　　　　　　　　P.9-22

1　郵便切手に就ての総司令部指令に関する件
（業一〇〇六号通牒稟議書　昭和二十一年六月二十九日起案）
2　指令（英文）
3　指令（日本語訳）
4　指令（日本語訳印刷物）

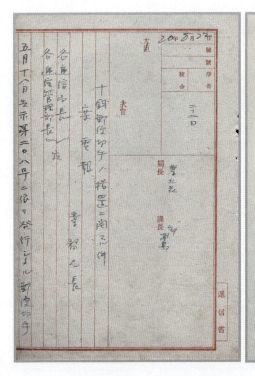
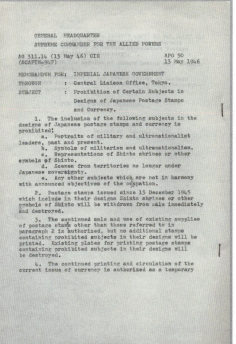

三 一円（靖国神社図案）切手売捌に関する指令　　P.23-52

1　一円切手ノ売捌差止方ノ件
　（逓郵業一一〇一号通牒稟議書　昭和二十一年五月十五日起案）
2　一円切手の破棄に関する件
　（逓郵業一一〇四号通牒稟議書　昭和二十一年五月十八日起案）
3　郵便切手売捌禁止に関する指令に関する件
　（業一〇三五号回答案稟議書　昭和二十一年九月三日起案）
4　回答添付の封筒及び内容文書
5　郵便切手接収に関する件（昭和二十一年八月二十九日付け信越逓信管理部発信文書）
6　十七銭切手（靖国神社の図案）の売捌に関する件
　（業一〇五二号通牒稟議書　昭和二十一年九月二十一日起案）

四 郵便切手類の使用禁止に至る交渉経緯　　P.53-60

1　ＧＨＱ交渉経緯の日誌風メモ

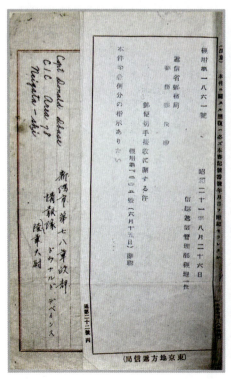
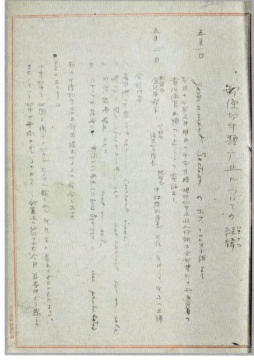

五 対象となる現行郵便切手の提出　　　　　　　　　P.61-74

1　昭和十二年以降発行の郵便切手提出について
（業一〇五九号回答案稟議書　昭和二十二年五月十五日起案）
2　ＧＨＱ宛の英文回答書
3　回答書に添付の切手葉書一覧表

六 売捌き停止の検討　　　　　　　　　　　　　　P.75-110

1　郵便切手の廃止について（昭和二十二年五月二十二日検討メモ）
2　局長室会議（昭和二十二年五月二十三日）のメモ
3　郵便切手類及葉書の廃止について
（業一〇六五号電報文案伺　五月二十三日起案、二十七日打電）
4　郵便切手類の一部売さばき停止に伴う代り切手の準備について
（需五一六五号通牒稟議書　昭和二十二年五月二十八日起案）
5　郵便切手及葉書の廃止について（昭和二十二年五月二十九日検討メモ）
6　楠公図案の郵便葉書製造状況調査（昭和二十二年五月三十一日）
7　売捌中止切手差出状況調査（東京中央郵便局　昭和二十二年六月七日）
8　売さばき中止となった郵便切手類の返納等について
（需五一六八号通牒稟議書　昭和二十二年六月五日起案、六月十八日決裁）
9　郵便切手及郵便葉書の引換後の処分について
（需五一八六号方針伺　昭和二十二年六月二〇日起案、八月十二日決裁）

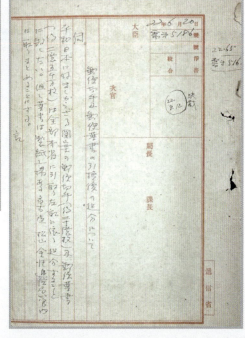

七 郵便切手及び郵便はがきの廃止並びに引換使用（逓信省令第二十四号の発出）　　　　　　　　　　　　　　　　　　　　　　P.111-196

1　郵便切手及び郵便葉書の廃止並びに引換使用について
（業一〇八二号通牒案稟議書　昭和二十二年七月十日起案）
2　業一〇八二号通牒案稟議書添付資料（業一〇七四号通達案等の印刷文）
3　郵便切手及び郵便葉書の禁止並びに引換使用について
（業一〇八五号電報文案伺　昭和二十二年七月十九日起案）
4　郵便切手及び郵便葉書の禁止並びに引換使用について
（業一〇八二号通牒修正文書送付案　昭和二十二年七月十九日起案）
5　郵便切手及郵便葉書の引換使用について
（業一〇七四号方針伺　昭和二二年六月十六日起案、七月十九日決済）
6　GHQ宛の通知英文
7　逓信省令第二十四号、通達業一〇七四号及びラジオ放送文の原稿
8　逓信省令第二十四号の印刷文
9　逓信省令第二十四号を掲載した逓信公報（七月二十四日発行）
10　郵便切手及郵便葉書の引換使用に関する新聞広告掲載について
（業一〇七三号実施伺　昭和二十二年七月十六日起案）
11　郵便切手及び郵便葉書の引換使用について（切手貼付葉書の措置）
（業六〇〇七号通牒稟議書、昭和二十二年八月九日　起案）
12　郵便切手類の交換について（記念切手の措置）
（業六〇一五号通牒稟議書　昭和二二年八月二五日起案）

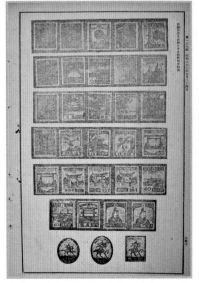

八 楠公葉書　　　　　　　　　　　　　　　　　　　P.197-208

1　禁止郵便葉書の差出特例について
（通達稟議書　昭和二十二年十月十五日起案　但し廃案）
2　楠公葉書の利用方についてバンズ課長と金澤事務官の打合議事録

九 引換事務の繁忙　　　　　　　　　　　　　　　　P.209-230

1　追放郵便切手類の引換事務繁忙に対する賄費の支出方について
（方針伺　昭和二十三年二月十二日起案）
2　追放切手類の引換事務繁忙について
（業四〇二一号通達稟議書　昭和二十三年二月二十六日起案）

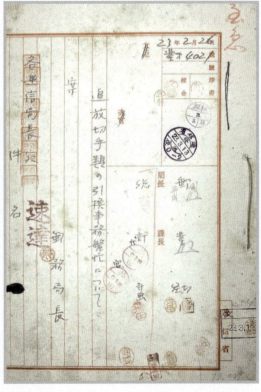

十 使用禁止切手の引換局の制限　　　　　　　　P.231-262

1　郵便切手及郵便葉書の引換期間について
（逓信省令第九号　　引換局を都道府県県庁所在地局に制限
業四〇二〇号方針伺　昭和二十三年二月二十四日起案）
2　逓信省令第九号を掲載した逓信公報
3　郵便切手及び郵便葉書の引換期間について
（逓信省令第七号　　引換局を東京中央局一局に制限
郵切一一号方針伺　昭和二十四年一月二十一日起案）

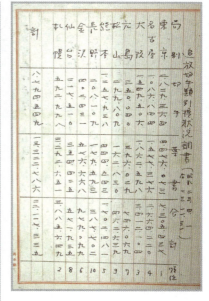

2　文献からみた勅額切手

　昭和33年6月30日発行の『郵趣手帖7号』に、灰色勅額10銭切手発行に関わる当時の騒ぎを纏めた山本善一氏による「文献からみた勅額切手 ―勅額切手発売当時の回想―」と題する記事が掲載されました。

　内容は、表題のとおり、昭和20年当時に発行されていた趣味誌または葉書通信(『京寸速報』、『切手の花籠』、『切手文化速報』、『愛郵速報』、『照明弾』など)に掲載された勅額切手関連の記事を抜粋して紹介したものです。

　内容は原則として記事の原本の記述のままですが、一部の仮名遣いと表現を現代のものに修正し、また原文は全て縦書きであるので横書きに改め、漢数字は必要な個所を除いてアラビア数字に置換えてあります。原本の発行元等については、分かる限り追記しました。

告示と公示の記録

発行告示　その1

　　通信院告示第208号
　　昭和20年5月1日ヨリ左ノ１０銭郵便切手ヲ発行セリ
　　　　　　　　　　　　　　　　　　　昭和20年5月18日　　　通信院総裁　塩原時三郎
　　　　　　　様式
　　　宮崎宮楼門、　刷色淡青色
　　　「敵国降伏」、勅額を拝用ス　印面　縦22粍5　横18粍5

発行告示　その2

　　逓信院告示第280号
　　昭和20年4月1日ヨリ左ノ１０銭郵便切手ヲ発行セリ
　　　　　　　　　　　　　　　　　　　昭和20年12月20日　　　逓信院総裁　松前重義
　　　　　　様式及印面一大キサ　昭和20年通信院告示第208号ニ同ジ
　　　刷色　　納戸鼠色

勅額切手の処分公示　その1

　名古屋逓信局長より管内各長へ電報指令(昭和20年8月17日)
　　大詔渙発以後における業務上その他の措置に関しては夫々配意せられつつあるところ、通信施設の復旧ならびに公衆通信の円滑なる疎通については特に重点を置かるることとなりたるにつき、従事員に本趣旨を徹底とともに差向き左記事項了知臨機の措置に最善を期せられたし。
　　　　　　　　記
　　一〜六　　　省略
　　七.　　　　敵国降伏と題する-十銭切手の売さばきを見合すこと

勅額切手の処分公示　その2

　名古屋逓信局業務部長より管内角郵便局へ電報指令(第22号、昭和20年8月24日)
　　5月18日告示第208号１０銭切手(敵国降伏と題するもの)は、さきに売さばきを見合すよう通牒せるがなお下記により措置あれ
　　一、売さばき済のものはなるべく他の切手と引換えること
　　二、郵便物に貼付したるものは責任者立会の上剥取り料金収納印を押捺するか又は料金収納の旨を表示し日附印を押捺すること
　　三、保管中のものおよび引換えたるものの処分について別途通牒す

（山本氏の注：第二項の措置に関しては、剥ぎ取ることなく敵国降伏の文字を筆で抹消しても良いという打合わせもあったので実際に筆で抹消したものがある。）

勅額切手の処分公示　その3

　名古屋逓信局経理部長より管内各郵便局長へ電報指令（第28号、昭和20年8月30日）
　　24日第22号事務局報により保管中の１０銭切手(敵国降伏)は所属主任官又は分任官へ
　　交換のため送付し　分任官は自局保管中のものとともに所属主任官へ送付あれ

勅額切手の処分公示　その4

　郵監第753号　昭和21年3月22日　　　名古屋逓信局業務部長、資材部長
　郵便局長
　　　　　　敵国降伏(拾銭)切手の処分に関する件
　　　　　　関連当局発事務局報（第22号、20.8.24）（第28号、20.8.24）

　　右引換えたるもの及保管中のものは所属主任官又は分任官へ交換方請求し　主任官に於
　て取纒め焼却処分することとなり居れる処　郵便物に貼付しある本切手を剥取りたる場合
　の処分方に付ては疑義あるやに被認も　右剥ぎ取り切手は当該局限り責任者立会の上焼
　却し差支えなきに付了知相成度

勅額切手に関する各趣味誌のニュース信の抜粋

京寸速報　第76号　昭和20年3月30日（京都寸葉会：武田　修）

　郵便料金の改正はいよいよ4月1日から行われることとなったが、これと同時に急激に加する5銭、10銭両切手を新図案により発行することとなり、通信院及印刷局では大童となっている。なるべく4月1日に発行したいと大車輪の準備を進めているが、これは到底難しいらしく、相当先になるものとみられる。右5銭、10銭両新切手のうち、一種は「敵国降伏」の勅額を拝したもの、また一種は時局図案としては多少縁の遠いものであるが先般の図案懸賞入選作品中よりヒントを得て改作したものといわれる。

京寸速報　第90号　昭和20年4月30日（京都寸葉会：武田　修）

　敵国降伏の勅額を図案とした切手が近く登場することは、大分以前に速報しておいたが右は10銭切手図案なること判明、早急に発行される見込である。なお本切手は糊なしといわれる。

切手の花籠　第7信　昭和20年5月3日(切手の家：浅野藍水)

　臨時版を以て新10銭の発売開始、東京中央より先づ出現と報じたが、あんまり早すぎるのも考へもの─　と申すのは外でもない。この新10銭まだ発行になっていない。即ちまだ発行告示が出ていないのである。その切手に対しての報道を先信の如くにお知らせするのは、成程切手の図案、刷色、目打、銘版、糊、版式等絶対確実なものであっても、甚だ穏当を欠くの観ありであるので、此処にあまりにも早すぎた報道を　「次に発行される10銭切手は噂通りの"敵国降伏"の勅額を云々」　と訂正します。

　更に京寸の「早急に発行される見込」の報道が、此処当分難しくなったということ（甚だ以て残念ではあるが）をお伝え申しておきます。未解禁の記事を編集者のエラーによって出してしまったと思召せ。

京寸速報　第92号　昭和20年5月6日（京都寸葉会：武田　修）

　近く発行の予定といわれていた筥崎宮の敵国降伏の勅額を図案とする、新十銭切手は、意外にも既に一部で出ていることがわかった。即ち筆者は、岐阜方面某局の4月28日付消印ある該切手のエンタイアを入手した。

　然らば同切手の発行告示は、4月28日以前に出ているものとの予想の下に、東京に急電照会中であるがまだわからない。官報も近頃輸送の関係から1ヶ月以上も遅れ、門司では本日現在では3月30日迄の分しか到着していないのだから調査も何もお話にならぬ。

東京に在住しないことをこうしたときだけつくづく不便に思う。但しこの切手はまだ発行告示は出て居らず、告示前に一部地方局へ配給されたのが誤って外部へ出たのではないかと考へられる節もある。版式は凸版、色彩は淡灰色でとても劣、実に見栄えのしない切手である。

切手の花籠　第11信　昭和20年5月10日(切手の家：浅野藍水)

　発行準備全く完了の新１０銭切手は、過般来の○○で保管の全部を焼失、従って発行告示も見合せ延期となっているのであるが、京寸速報によるところの一部地方局での出現は、発売さるべく既配給のものが、１０銭切手の需要増大で不足の折柄とて、局側でシビレを切らして告示を待たずに売さばきをしたのではないかと推定せられる。また三重、愛知県下の局においても売さばかれ、鳴海局に到着の郵便物百通に一通位は貼付されて、立派に通用している、まことに奇怪千万な切手である。

　これからが趣味家の想像であるが、焼失が切手現品のみでなく、その難がもし一原版に及んでいて、今後正規に発行されるものと相違(図案において刷色において)したならば洵に興味注目の対象となりそうな切手といい得る。未発行の切手となるや否や将又ー。

切手文化速報　第6号　昭和20年5月12日(切手文化会：吉田一郎)

　勅額１０銭切手については、既に帝都においても一部当局及識者の間でも問題になっていたものであるが、去る3日付浅野藍水氏の葉書通信で問題となり、同氏はすぐそのあとで告示が出ていないことに気がつかれ、訂正を出されたが武田氏(京寸)と共に、中央に居られないだけに、流石早耳の両氏も肝腎の灰色１０銭が戦災で灰になっていたということを御承知なかったものとみえる。おなじく早耳の前田氏あたりも、また葉書通信を出しておられるが、何等これについて触れて居られないので、只勅額１０銭が水色で出るとの程度のことを書いて居られるのは、迂闊に１０銭灰色報道の影響するところの大きいのを、考えられた為かも知れない。

　前田氏による水色１０銭というのは又聞きで、私はその葉書を見たのではないが、近い将来に１０銭が出るとすれば水色で、灰色は当局と印刷局との連絡不備に原因した己むを得ない過失で、通信院としてはあの灰色は出すつもりではなかったらしく、それでは何故灰になった筈の１０銭が、一部の地方に出たか、そして発行告示もないのに、一部の局長が急いでその発売を許したかということになるが、それはその局にあたる人が当時最善と信じた応急の措置としての対策であって、少くともこの灰色１０銭に限り、これ等ホントに本土即戦場である。東京で作った郵便切手発行の一つの異例として容認してよいものと信ずる。

　また実際において官報の発行が一ヶ月以上も遅れる今日、配給、告示、発売の順序が多少前後しても致方ない場合が起るかも知れない。これが相当事務に馴れた人達の場合であるが、万一それに臨時に這入ってきた挺身隊などが交った場合を考えるとこれ を規則通りに律する方が既に無理である。

　通信院の切手倉焼失に際しては、当該宿直者の敢闘の裏にはその人々の住居の焼失、家族一同の○○というような哀話もある。

話は戻ってこの１０銭切手について、一番早くお知らせがあったのは、神奈川県の某氏、次で三重、愛知の某々氏から若干枚づつ戴いたが、少くとも全会員お一人に一枚宛は、額面入手の出来るように努力中ですがとりあえずその中の十枚だけを提供しますからお申込み下さい。多いときは抽せんです。

切手文化世話人だより　第5号　昭和20年5月12日（切手文化会：吉田一郎）

問題の勃額灰色１０銭切手については、いくら書いても書ききれない位、皆さんへお話の種があるようです。大体速報にも書いておきましたが、誰しも抱かれる疑問は、東京で既に灰になった切手が、何故地方に配給になったかということです。処が既に出来上った切手は、図案や刷色におかまいなく、単に１０銭切手として処理されたものとみえ、その中の若十が地方へ廻ったものとみえる。

それに各地とも4月は空襲激化と官報大遅延で非常に連絡の悪いところへ、4月の料金改正で１０銭切手の大量需要を控えての、この手違いであったらしいが、東京ではお膝下であるだけに、近くでる水色１０銭を待ったために、却ってこの灰色１０銭は全然発売されず、せめて皆様に一枚宛でもと只今極力手配中ですが、この12日午後現在までは、まだ一人一枚宛という数は手にすることはできませんので、幸に私の手許にある若干枚の中から１０枚だけ会の方へ特別に寄贈しましたから、御希望の方はお申出下さい。おそらく抽せんになりませしょうが、もれた方には近く会員数だけは入手次第お頒けするつもりですから、それまでお待ち下さい。入手次第速報します。

京寸速報　第96号　昭和20年5月17日（京都寸葉会：武田　修）

名古屋、岐阜方面より主として出現している告示もまだ出ない奇怪なこの新切手は、原版罹災のため、今後の追刷は困難と伝えられる。同切手は京寸誌友に限り、一人一枚宛岐阜市四谷町切手の家浅野藍水氏が、額面で奉仕的取次をされる由につき、希望者は切手貼付、宛名記入の封筒を添えて直接申込れたい。切手代用可。

切手文化速報　第7号　昭和20年5月20日（切手文化会：吉田一郎）

会員浅野藍水、奥田勝両氏の御厚意で灰色若干枚を人手しましたので、会員一人一枚を限り額面で分譲します。但し田型、銘版等の特別な御希望は総て御遠慮下さい。万一余裕ができましたなら後でお知らせしますから。なお世話人から提供の１０枚贈呈も抽せんの必要がなくなったので、総て分譲の方に総括しますから、お含みおき下さい。

切手文化速報　第7号　昭和20年5月20日（切手文化会：吉田一郎）

藤江、稲垣、原氏等のお知らせによると東京の渋谷局、王子局等でもこの灰色１０銭が窓口に出たとのことで、早速世話人の一人(吉田輝彦)が渋谷局へかけつけたところ、最初は一人一回四

枚限りであったものが、最後には一人一枚限りとのことで、これではとても皆様にお頒けする程の数は思もよらぬこと、王子局もまたこれに準ずるらしいとのことで引下りました。

　また藤江氏のお知らせによると、林氏宅で開かれた13日の如水会交換会では、5円という飛んだ値が入ったということである。

　まだまだこの灰色１０銭については各地に色色の話の種があると思いますので、後世への語草として記録しておきたいと思います。この灰色１０銭の多く出ているのは、名古屋逓信局管内が多いらしく、名古屋市内では5月初めから、また岐阜、三重、愛知等の各局には早くも4月末に出たところもあるらしいとのことである。

愛郵速報　第21号　昭和20年5月23日（発行者不詳）

　新１０銭切手は東京渋谷、王子局等で少数発売されたが、最初は一人四枚限りであったのが、遂に一人一枚になったとのことである。また5月13日の如水会交換会（東京）では、この切手が５円という突飛な値が入ったという、何としても妙な切手である。

愛郵速報　第22号　昭和20年5月24日（発行者不詳）

　名古屋の会員石塚一夫氏が、愛郵会会員に限り、勅額１０銭切手を一人一枚限り取次ぎ下さるから、返信用封皮同封切手代用でお申込み下さい。宛所は左の通り。名古屋市瑞穂区城下町１の９　下坂町内会第七組

京寸速報　第97号　昭和20年5月28日（京都寸葉会：武田　修）

　敵国降伏の勅額１０銭切手は、印刷局の原版及び刷上りストック品も、大半罹災焼失のため既に一部局に配給されていた分以外は、なくなったわけで絶版である。そのためか5月12日東京で開かれた如水会交換会では、額面の約10倍いう驚異的な値を示し、田型に至っては４円５銭の落札があった由。なお同切手の発行告示はまだ出ないが、発売されたのは事実とて、何れ遡及告示でも出るものと見られる。色彩は淡青色というのが本当らしいが、早くも灰色と相当濃色の分の二種がある原版を再製のうえ第二版を調製される場合には右の色彩踏襲は不可能の由にて、水色に変る予定という。とに角第一版は珍重すべき切手となることには間違いはないようだ。

照明弾如水　第14号　昭和20年5月28日（如水会：大川如水）

　敵国降伏の勅額を図案とした灰色新１０銭切手（銘版は大日本帝国印刷局製造）が無断登場して趣味会を賑わしている。この新１０銭は南方地図の１０銭に代って発行予定のところ、去る4月14日未明の空襲で、印刷工場、切手倉庫が焼失、告示を出すばかりになっていたが、現物皆無のために取止めとなったものである。しかし一部配給を受けていた都内の神田、渋谷、王子

局等では旧切手の売切れと共に窓口で発売、また名古屋逓信局管内静岡、愛知、岐阜、三重の諸県のうち右切手の配給を受けた局から、発売使用されたものである。因に逓信当局切手係では、額面別に区別しても、図案別には無頓着で各地への発送記録を調べても、この灰色１０銭切手何程を何処へ送ったか不明の由。幸い原版は助かったので、いつかは再印刷にかかるものと見られるが、現下の状勢ではその時機は不明であるし、またその際は水色ととなる由。従ってこの灰色切手は将来珍品となること承合っておく。

　本部で極力弄走の結果少量入手したので、如水会員に限り田型まで無代贈呈、但し本部多忙のため会員松村氏にお世話を願う故、送料を添へて宛名記入封皮を左記へ申込のこと。(他の用件併記お断り)静岡県掛川町西町　　松村宏正氏

京寸速報　第98号　昭和20年5月30日(京都寸葉会：武田　修)

　敵国降伏の勅額１０銭切手については告示も出ぬ先に、配給を受けた地方の一部の局で、堂々と売出してしまい、中央当局ではこれが収拾の前後指置に腐心した結果、左の如く全然異例に属する遡及告示を行った。

　　　　　　通信院告示第208号
　　　　　　昭和20年5月1日ヨリ左ノ１０銭郵便切手ヲ発行セリ
　　　　　　　　　　　　　　　　　　昭和20年5月18日　　　通信院総裁　塩原時三郎
　　　　　　　　様式
　　　　　　宮崎宮楼門、　刷色淡青色
　　　　　　「敵国降伏」、勅額を拝用ス　印面　縦22粍5　横18粍5

愛郵速報　(私信抜萃)　昭和20年5月30日(発行者不詳)

　この切手は回収の指令が発せられたそうです。愛知県は相当配給されています。特定局などで一万枚のストックを持つ局があります。しかし回収指令が出されたとしたら、どうなるのでしょうか、もし未入手の折は御通知下さい。田型額面でお頒けします。

回収指令は事実無根　(私信抜萃)　昭和20年6月2日(出典不詳)

　御芳書の拾践切手の件、種々調査の処別段回収指令等無之目下売捌中に候、四日市局にても現に売捌き致居候。(三重県津郵便局Ｋ庶務課長より)

愛郵速報　(私信抜萃)　昭和20年6月5日(発行者不明、山本氏の引用文から)

　(一)この切手は○○の○氏が相当買漁っているそうです。岐阜、愛知、三重県下を歩いているそうです。
　(二)１０銭切手の回収指令は一部に於ては出されたかも知れませんが、これは大ゲサにデマ宣伝したのかも知れません。

切手文化速報　第8号　昭和20年6月8日（切手文化会：吉田一郎）

　１０銭切手の発行は通信院告示第208号を以って次の如く公布された。

　　　通信院告示第208号
　　　昭和20年5月1日ヨリ左ノ１０銭郵便切手ヲ発行セリ
　　　　　　　　　　　　　　　　昭和20年5月18日　　　通信院総裁　　塩原時三郎
　　　　　　様式
　　　宮崎宮楼門、　刷色淡青色
　　　「敵国降伏」、勅額を拝用ス　印面　縦22粍5　横18粍5

　ところでこの5月18日は官制の改正で通信院が運輸通信省から離れて、内閣の外局として、逓信院になる前日であるから、通信院としては、少なくとも5月1日に出たという水色１０銭とは似ても似つかぬ灰色の１０銭を、売出の告示とも見られ、また近く出る水色１０銭の発行告示にもなる。通信院としては、空前絶後の異例告示ともなったことである。この告示でみると灰色１０銭は告示にはないが、菊花の御紋章を存し、従前通りの正式な配給系統によって、正式に郵便局で売捌いたものであるから立派な日本の郵便切手であることに間違いはない筈である。難しい法律的な解釈はどんなことになるか、それは専門家にお任せする。

切手文化速報　第8号　昭和20年6月8日（切手文化会：吉田一郎）

　問題の灰色１０銭については、世話人、評議員、会員各位の懸命の努力と、美しい相互援助の精神が実を結んで、遂に田型を全員一人一組づつの数量確保に成功しました。御希望の方は４０銭(切手代用一割増)を添え例により申込み下さい。

　銘版付１０枚ブロックが若干出来ますので、これは特別人札とし、額面１円を差引き超過分は全部献金へ繰入れます。但し入札は最高でなく最近の二番値を以って落札とし、落札価を御通知しますから、急ぎの方は宛名付の葉書を一枚添えて下さい。なおこの灰色１０銭入手については、宮崎名古屋支部長、会員浅野藍水、服部経治、柘植安太郎、奥田勝、松久実等の諸氏の御配慮によることを特記して感謝の意を表することとします。なおこの灰色１０銭の東京地方における発売局は、渋谷、王子、神田、飯倉四丁目、中野局等である。

切手文化速報　第8号　昭和20年6月8日（切手文化会：吉田一郎）

　6月1日付大川如水氏のお知らせによると5月22日灰色１０銭を貼って東京中央局の窓口で消印を求めたところ、これは切手でないと拒絶されたとのこと、成程告示には水色となっておるので、窓口氏によっては、一応拒絶するのも無理ではないかも知れませんが　さりとはあまりに非常識ではないでしょうか、それにしてもあの水色の告示のときに、灰色も一部出ておるということを何等か方法で周知することが出来なかったものでしょうか。

切手文化速報　第8号　昭和20年6月8日（切手文化会：吉田一郎）

　勅額灰色１０銭は、白ッポク灰色と濃い灰色と明らかに二種に区別出来るので、御希望の方には額面でおわけする。薄い灰色の方が多いようであるが、田型でなく濃淡二種の単片御希望の方は御申出下さい。但しこの濃淡二種は単片に限ります。

愛郵速報　第26号　昭和20年6月14日（発行者不詳、山本氏の引用文から）

　勅額１０銭切手については、発行告示も出たのであるが、刷色の違いか一部では同切手の回収指令が出ていると報じている。一度配給され、しかも発売された切手を今更回収するとは妙な話である。告示とは刷色が相違するからといえばそれまでだが、本当だとすると大変だ。発売された切手はどうなるか？別に灰色の切手だけに告示が必要となってくるのではあるまいか。

　また、この切手を貼付し、東京中央局に消印を求めたところ「これは切手ではない」と拒絶された話がある。淡青色告示の作ったエビソードか？勅額１０銭切手を巡りまだまだ新しい問題が起るものと想像される。

照明弾如水　第16号　昭和20年6月20日（如水会：大川如水）

　蒐集界を賑わした灰色勅額１０銭切手も去る5月18日付で5月1日より発行せりと告示が出たので、公認された形だが、告示通りの淡青色の分は7月中旬頃より発売されるとのこと、従って本切手には初日印は出来ぬわけである。灰色の分は一部回収指令の発せられた噂あるもその真偽は不明である。

大和趣味附録　第3号　昭和20年6月27日（発行者不詳）

　問題の新１０銭灰色切手は、各地において大なる反響をよび、原版の罹災、告示の異例、刷色の相違等々市価も３、４倍となりつつある。本会賛助会員、榊原清彦氏の御援助により、一人田型一組を送料共１円５０銭で頒布する。内額面の４０銭送料１０銭を差引き、残金１円也は国防献金する。(四日市市日永44800)

以上

記事「文献からみた勅額切手」の「まえがき」

郵趣の世界にも時に話題をまき起したことがいろいろあったが、勅額切手ほど大きな波紋をなげたものはあるまい。まず、告示発表前に発売されたことが第一の原因であった。やがて告示されたところ、今度は刷色が違うきた。各地で発売されておるのに告示の出ないのは何故か、いよいよもって奇ツ怪な切手いうことになり、郵趣界あげて話題を沸騰し仲々のにぎやかさであった。

私は当時入手したこの切手に関する趣味誌のニュースをまとめて、こと新しく当時の信当局の態度を批判しようとするのではなく勅額切手については、こんな状況であったということを、今は昔の物語として眺めたいのである。

篤志研究家の研究論文は封重なものであることは勿論であるが、当時の渦中に生れたニュースそのままを眺めることも、また当時の真相を知る上に貴い文献の一つではあるまいかと考えるわけである。たとえそれが短い消息であっても。

今このニュースを読み直してみるとき、その何れも無告示発売の真相探究に努力を払ったか、又将来の珍品化を予想して夫々会員への頒布に苦心を重ねたか、実に涙ぐましいものを覚える。すなわち武田氏は東京へ電報で照会したり、その他自分の手持品を原価で所層の会へ提供したり、各位の活やく振りと苦心の有様がまざまざと眼前に浮んでくる。無告示発売にについて郵便当局の取扱方を批判したものがあるが、それは切手発売の慣行上からみて当然のことであるが、切手文化速報第6号吉田氏の見識はその当時として偉とすべきである。

このニュースは前述のように私が当時入手したものだけであるから、通読して欠号のもののあることを発見する。又この他の趣味誌からも、同じくニュースが出ていたものと考えられるが、それ等のものを御承知の方は上述の主意に御賛同下さって、不足のニュースを本誌へおよせ下さるならば、それは私一人の喜びではない。またこれらのニュースを仮に骨とみるならば、前田氏が「切手」第77号以下に連載せられた「灰色と水色」の記録は正しく肉である。併せお読み下さらば一段と興味を覚えられることでであろうと思う。ニュースの前に記録した公文はこの切手研究上の参考までに附したものである。

山本善一　（『郵趣手帖』第7号　昭和33年6月30日）

23

<広告>

稀品続々襲来

スタンペディアオークション　年4回フロア開催

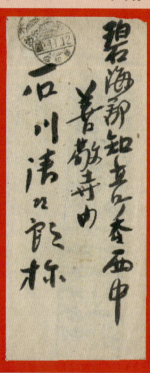

初回にかぎり、見本誌を無料でお送りします

連絡先：102-0083 海事ビル内郵便局留置
スタンペディアオークション株式会社 追放切手係

auction@stampedia.net

FAX 03-6800-5384 でも申込可

http://auction.stampedia.net/

3 勅額切手の発行経緯をまとめた木村勝の自筆メモ

「伏敵」偏額図ノ切手の発行経過

此の図案は昭和十七年に公募した時局切手の三等に当
選した布谷虎史氏の作品によるものであるが、当時の印
刷事情から凸版に改めなければならないため、グラビア
原図風に描かれた本選図案は改描の必要があって、暫く
保存されていたものであるが。

終戦の二十年に入り、五寿、十寿、三十寿、壱両上十
寿切手等の図案を早急に応ず必要に迫られ「伏敵」図
の改描を採用することになったのである。一月八日の案
案では五寿切手図案として十図をつくることになり加審
新大塚均氏が担当することにしたがその後当時の業務局
長立花章氏郵勢課長神島孟父衛氏等と数回協議し案図を

勅額切手の発行経緯をまとめた木村勝の自筆メモ

　このメモは、本書の綴の資料とは異なる文書類に紛れていたもので、後年に郵趣雑誌へ寄稿した際の原稿と思われるものです。3枚の白紙に認められており、製作者側からのまとめとして興味深い記述です。

　以下は、全文の書き起こしとメモのコピーです。

「伏敵」扁額図案拾銭切手の発行経過

　此の図案は昭和十七年に公募した時局切手の三等に当選した布谷広史氏の作品によるものであるが、当時の印刷事情から凸版に改めなければならないため、グラビア原画風に描かれた当選図案は改描の必要があって、暫く保留されていたものである。

　終戦の二十年に入り、五銭、十銭、三十銭、壹円五十銭切手等の図案を早急に改正する必要に迫られ、「伏敵」図の改描を採用することになったのである。一月八日の原案では五銭切手図案として下図をつくることとなり加曽利大塚均氏が担当することにしたが、その後当時の業務局長立花章氏、郵務課長浦島喜久衛氏等と数回協議し原図を作って検討の結果　最終的には二月十七　一日　三井高陽氏を招いての局議に於て十銭切手として登場させることに決定し　直ちに需品課に<u>を通して印刷局に廻付された　翌</u>二月二日印刷局より業務課長那智上展来庁　需品課長、笠井、犬飼、木村各係長、山村、青井展、日置　出席のもとに製造について打合せ　必要な訂正を行って完成の分から逐次原画を引渡すこととなった。この切手については　印刷局から原版見本刷が廻付されたのが二月二十六日であるが　実際に製版にかかったのは二月八日にわれわれと、瀧野川工場との二月八日の協議からであるから約二週間一寸と伝うことになろうか。　製版の出来栄えはマアマアとい伝うところであったが、実用版見本が三月九日廻付された結果　刷色が灰色に過ぎるとの意見が多く今後製造の分より青みを帯びたものに変えることに指示することになった。

　私の記録に残って居る経過は以上であるが、当時は既に総ての管理体勢が混乱に陥入りつつあったために、告示等も秩序よく出されると伝う状体ではなく、実際に発売された時期等も正確には判らないと云った方がよいのであろう。然し私が感じとしては需品課の犬飼切手係長あたりの話しを通じて受けていた感じからは、資材缺乏の折柄でもあり告示のないまま既に製造され一部発送に移っていた灰色の試刷と同様のものは、そのまま発売され、指示によって変更された青味灰色<u>＝＝＝＝実際には青色といった方が良いが＝＝＝＝</u>は三月十日以降製造の分と云うことになるのである。もっとも実際に売捌かれた切手は正式校了前につくられた分のみという皮肉な結果になったのも終戦の所産であろう。

木　村　勝　記

編者注：打ち消し線部分は訂正のため本人によって線で消された部分、下線部分は加筆挿入された部分。

「伏敵」臨額図柄弐切手の発行迄過

此の図案は昭和十七年に公募した時局切手の三等に当
選した布谷広定氏の作品によるものであるが、当時の印
刷事情から凸版に改めなければならないため、グラビア
原画風に描かれた当選図案は改描の必要があって、暫く
保留されていたものである。

終戦の二十年に入り、五券・十券・三十券・壱円五十
券切手等の図案を早急に改ひす必要に迫られ「伏敵」図
の改描を採用することになったのである。一月八日の原
案では五券切手図案として下図をつくることとなり御璽
稍大塚均氏が担当することにしたが、その後当時の業務局
長立花章氏郵務課長神島孝久衛氏等と数回協議し原図を

等も秩序よく出されるといふ杜撰ではなく、実際に発売
された時期も正確には判らないと云った方がよいで
あろう。総し私の感じとしては需品課の犬飼切手係長あ
たりの話しを通じてうけていた感じからは、資材欠乏の
折柄でもあり告示のないまゝ既に製造され一部発送に移
って一た灰色の試刷と同様のものは・そのまゝ発売され、
指示によって変更された青味灰色＝実際には青色といつ
た方がよいが＝は三月十日以降繁造の分と云ろことに
なるのである・もっとも実際に売捌かれた切手は正式校
了前につくられた分のみと言ろ皮肉な結果になったもの

る 終戦の所産であろう。

木村勝記

作って検討の結果最終的には二月一一日三井高陽氏を招

いでの高議に於て十銭切手として登場させることに決定し

直ちに需品課に通̶株̶ 新発行通付

印刷局から製版見本刷が通付されたのが

であるが実際に製版にかゝったのは二月八日にわれわれ二人になった

と、滝野川工場との二月八日の協議からであるから第二

週向一寸と去うことになろうか。観版の出来栄えはマア

マアと去うところであったが、実用献見本が三月九日週

付された結果刷色が炭色に過ぎるとの意見が多く青味

を帯びたものに変えることに指示することになった。

私の記録に残っている遥過は以上であるが、当時は既に

終っての管理体勢が混乱に陥入っていたために、告示

聖二月二日印刷局より業務課次郷智工馬 来庁
各偏長 山村、青井虎日遅、岩澤、笠井、大鋼、木村
のもとに製造ながって 打合せに及要書類を持って
大の側道次原画 を引渡すこと この切手については

<広告>

郵博 特別切手コレクション展

1902年（明治35年）に開館した「郵便博物館」に
その起源を遡る「郵政博物館」で開催される特別展です

2019年度開催の特別切手コレクション展一覧

開催期間	特別展名
4/19-21	**前島密没後100年記念展** 郵便の父・前島密翁の遺徳を偲び、関連郵趣品や博物館秘蔵の逸品を公開
4/27-5/6	**改元記念・皇室関係フィラテリー展** 平成の終焉と新元号への移行という節目に臨み、皇室関係の郵趣品を一堂に展示
5/18-19	**郵便制度史展2019** ポスタル・ヒストリーのメイン・ストリームを織りなすコレクションの数々
6/8-9	**南方占領地のフィラテリー展** 第二次世界大戦中に日本が南方占領地で発行した切手の大河コレクション
10/5-6	**ステーショナリー展** わが国における「ステーショナリー」の最高峰コレクションが揃い踏み
10/12-13	**第7回ヨーロッパ切手展** ヨーロッパ切手の本格コレクションが勢揃い
10/19-20	**製造面勉強会ワークショップ展** 従来の製造面勉強会を展示中心のワークショップへと進化させた新形式の取り組み
2020年 2/1-2	**第3回いずみ展** わが国郵趣グループのトップ・ランナーの実力がここに明かされる

※イーストヤード12番地のエレベーターで8階まで上がり、8-10Fライフ＆カルチャー用エレベーターに乗り換え、9階までお越しください。

特別切手コレクション展の開催時間は原則として午前10時～午後5時半ですが、初日だけ13時開始になる事があります。ホームページでご確認の上、お越しください。

共催　郵政博物館、（特非）郵趣振興協会　http://kitte.com

4　切手葉書の追放に関する切手と郵便物の取扱例

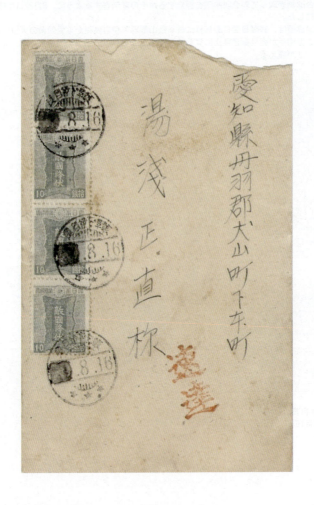

第1章関係　　　　　　　　　　敵国降伏１０銭切手

　昭和20年8月14日に連合国にポツダム宣言受諾を伝え、翌15日の12時に、昭和天皇による終戦の詔勅がラジオ放送（玉音放送）されたことにより、太平洋戦争は終戦を迎えた。連合国軍の先遣隊がいよいよ8月26日に日本上陸という段になって、逓信省では、既に発行されていた「敵国降伏」10銭切手は不適当との理由で、この10銭切手の売捌き停止と廃棄、そして既に売捌き済みのものは交換に応じ、郵便物に貼付された場合は剥ぎ取って料金収納印を押捺するかその表示をするように、8月22日に各逓信局宛に電報によって通知した。

　ここで示す速達便は、終戦日翌日の16日に岐阜県山縣郡下伊自良村から愛知県の犬山に宛て差し出されたもので、この切手が売り捌き停止になる前の使用例であるが、手紙の内容からは、玉音放送を聴いた主婦の混乱ぶりが窺える。

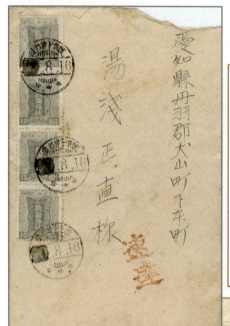

（封入されていた手紙）

岐阜・下伊自良
昭和20年8月16日
★★★

第1章関係

敵国降伏１０銭切手の剥ぎ取り－１

全部を剥ぎ取り、料金収納印を押印

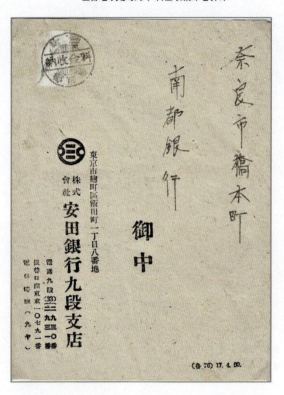

麹町／料金収納／東京都　　差出日付（裏面）昭和20年9月27日

第1章関係

敵国降伏10銭切手の剥ぎ取り－2

右半分を剥ぎ取り、料金収納印と日付印を押印　　　左半分を剥ぎ取り、料金収納印を押印

岐阜・垂井／料金収納／
岐阜・樽井　昭和21年7月18日　★★★

世田谷／料金収納／東京都
手紙に記入日付　昭和20年9月8日

第1章関係

敵国降伏10銭切手と間違えて、大東亜共栄圏10銭切手を剥ぎ取った例－1

8月22日に各通信局宛に電報によって通知された「敵国降伏」10銭切手が郵便物に貼付された場合の剥ぎ取り措置について、この通知では、10銭切手を単に「5月18日告示第208号に依り告示したる郵便切手」とされていたため、全く異なる「大東亜共栄圏」10銭切手を剥ぎ取った例が、一部の郵便局で見られる。この錯誤は、13頁以降の記録にあるような敵国降伏10銭切手の発行にまつわる経緯のため、これらの局では、敵国降伏10銭切手の配給がなく切手の現物を知らなかったことが背景にあるものと思われる。

大東亜共栄圏10銭切手の剥ぎ取り
（切手の赤色図案の一部が残る）

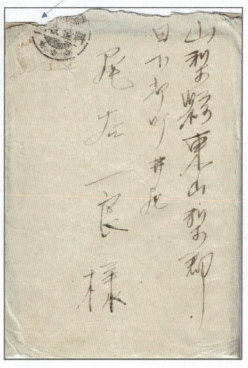

松茂／料金収納／★★★
差出日付（裏面）　昭和20年10月10日

第1章関係

敵国降伏10銭切手と間違えて、大東亜共栄圏10銭切手を剥ぎ取った例－2

　この書状は、昭和20年9月3日に徳島県神領局で引受けた速達書状で、料金は書状料金10銭と速達料30銭の合計40銭である。貼付されている切手は、2銭切手3枚、3銭切手2枚の12銭分であるが、青色の料金収納印2個が押された位置に大東亜共栄圏10銭切手が2枚貼られ、「阿賀」の朱印が押捺された2ヵ所の位置には8銭分の切手が2枚貼られていたものと推定される。大東亜共栄圏10銭切手が2枚は、間違って剥ぎ取られ、他の8銭分の2枚の切手は、逓送中に「脱落」したものと思われる。

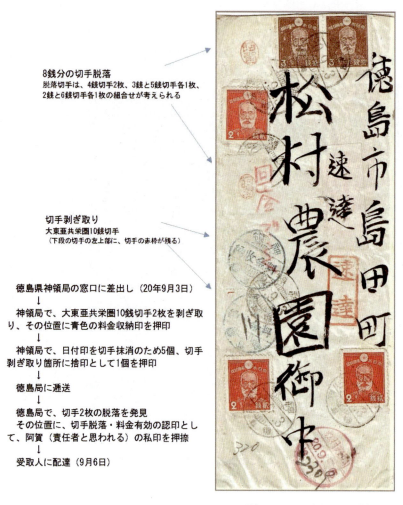

神領　昭和20年9月3日　徳島縣

第3章関係

靖国神社1円切手

　靖国神社1円切手は、昭和21年4月15日に発行が告示されたが、これが国家神道を排除するＧＨＱの怒りを買い、5月13日付で売り捌き停止の命令を受け、通信省は5月15日付で売り捌き停止を通牒した。但し、一般公衆手持ちの切手は使用禁止としなかったため、昭和22年9月1日の追放までは、剥ぎ取りされることもなく使用できた。この時期の1円は、昭和21年7月25日からの料金改正により国内便の書留料及び速達料に適応したので、その使用例が存在している。

　　　　　書留便　料金改正初日　　　　　　　　　　　速達便

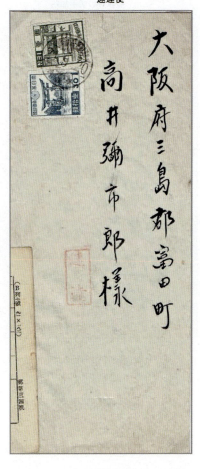

　　増田　昭和21年7月25日　秋田縣　　　　　　山口・江崎　昭和21年9月20日　★★★

第7章関係

追放初日の通用例

　軍国主義図案切手及び楠公葉書は、昭和22年8月31日限りで使用停止となったが、翌日9月1日のポスト取集め第一号までに投函されたものは有効とされ、措置されることなく引受けされた。

5銭楠公葉書（葉書料金50銭）

　　45銭分の切手加貼　　　　　　　印面料額5銭を無視して50銭分の切手加貼

 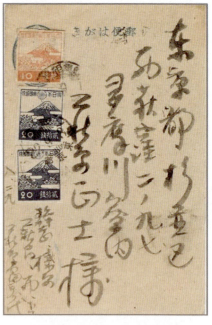

　　三島　昭和22年9月1日　静岡縣　　　静岡相模原　昭和22年9月1日　静岡縣
　　　　　　　　　　　　　　　　　　　　（消印が薄いため、配達局で再抹消）
　　　　　　　　　　　　　　　　　　　荻窪　昭和22年9月3日　東京都

第7章関係

葉書に付箋貼付例－1（受取人に配達）

昭和22年9月1日以降に楠公葉書が差し出されたときは、郵便局では、差出人住所・氏名が不明な場合は、「楠公図案の葉書は他の葉書または切手と引換ること、このことをついでの節に差出人に連絡すること」を依頼する付箋を付けて、宛名人に配達した。葉書印面に切手を貼り付けて楠公像を見えなくしても、処置された。

3銭楠公葉書

印面料額3銭を無視して50銭切手を加貼

（引受けた左京局の附箋）

5銭楠公葉書

印面料額5銭を無視して50銭切手を加貼

（引受けた品川局の附箋）

（配達局にて抹消）

湖南
昭和22年9月21日
★★★

品川
昭和22年9月4日
東京都

第7章関係

葉書に付箋貼付例－2（差出人に戻し）

　昭和22年9月1日以降に楠公葉書が差し出されたときは、郵便局では、差出人住所・氏名が分かる場合は、「楠公図案の葉書は使用できないこと、書き換えて差出すこと、他の葉書または切手と引換えること」を告知する付箋を付けて、差出人に戻した。葉書印面に切手を貼り付けて楠公像を見えなくしても、処置された。

3銭楠公葉書
印面料3銭を無視して50銭分の切手加貼
（引受けた津島局の附箋）

小型5銭楠公葉書
印面料額5銭を無視して50銭分の切手加
（引受けた竜丘局の附箋）

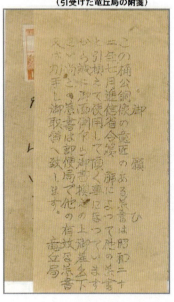

差出し
昭和23年3月6日

差出し
昭和22年9月2日

40

第7章及び10章関係

葉書に付箋貼付例－3（東京中央局に引換え業務集約後の差出人戻し）

　追放に先立ち昭和22年8月1日から全国の郵便局での始まった切手引換えは、引換作業が順調であることを理由として、昭和23年5月1日からは都道府県庁所在地の普通局一局だけで引換えに応じることとされ、更に昭和24年3月1日からは東京中央局一局だけに限り引換えに応じることとされた。

5銭楠公葉書

印面料額5銭を無視して2円切手を加貼

（岡山局の付箋）

昭和25年もしくは26年の3月15日差出し

　葉書の料金は、昭和23年7月10日に50銭から2円に改正されたので、この葉書は昭和23年7月10日以降の使用例であることが分かる。また、岡山局での引換えは昭和24年2月末で終了しているため、その後の差出人戻しの付箋では、「なお、この葉書は郵便局で他の有効な葉書又は切手とお引換えいたします。」の文章が消されることになった。
　したがって、この3月15日の日付が記入された葉書の使用年は、昭和25年もしく26年と推定される。

41

第7章関係

追放切手・葉書の未納不足扱い例－1

　追放切手が使用された場合の措置は、差出人に戻すか切手を剥ぎ取って料金収納印を押すことであったが、見逃されて配達局に到着し、配達局で未納不足扱いとした例がみられる。

飛燕5銭切手　　　　　　　　　　　東郷5銭切手

（葉書料金2円）　　　　　　　　　（葉書料金2円）

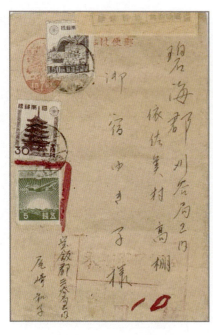 

三谷　　昭和24年6月5日　愛知縣　　　　（左書き）山口・麻卿　昭和25年4月11日　前8－12

（配達局である刈谷局の未納不足証示）　　（配達局である京橋局の未納不足証示）

　　　10銭　　（5銭の2倍）　　　　　　　　　　10銭　　（5銭の2倍）

第7章関係

追放切手・葉書の未納不足扱い例－2

楠公葉書が使用された場合の措置は、付箋を付けて差出人に戻すか付箋を付けて宛名人に配達するかであったが、引受局で未納不足扱いとした例がみられる。

5銭楠公葉書　　　　　　　　　　　　　　　　2銭楠公

印面料額5銭が無効（葉書料金50銭）　　　　　印面料額2銭が無効（葉書料金2円）

　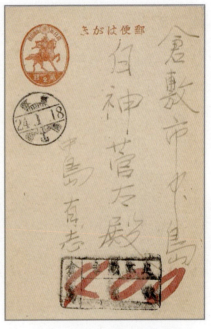

福島・荒海　昭和23年6月25日　★★★　　　倉敷　昭和24年1月18日　岡山縣

（引受局である荒海局の未納不足証示）　　　（引受局である倉敷局の未納不足証示）
１０銭　（5銭の2倍）　　　　　　　　　　　４円　（2円の2倍）

第7章関係

追放切手の剥ぎ取り例－1

　追放切手が郵便に使用された場合は、切手を剥ぎ取り、料金収納印を押捺するか、その他の方法で料金徴収の証示をしたうえで宛先に配達された。

飛燕5銭切手の剥ぎ取り

（料金収納印を押捺）　　　　　　　　（済の角ゴム印を押捺）

七條　　昭和23年1月2日　　京都府　　　　岐阜　　昭和24年1月5日　　岐阜縣

第7章関係

追放切手の剥ぎ取り例－2

　この書状は、昭和23年1月24日に大分県由布院局で引受けたもので、料金は1円20銭である。貼付されている切手は、戦前の記念切手2枚8銭分、戦後の記念切手2枚65銭分、15銭切手1枚及び30銭厳島神社切手1枚で合計1円18銭分であるが、30銭厳島神社切手が剥ぎ取られ、収納の文字が朱筆されている。他の大型の2銭切手（公園切手と推定する）が1枚貼られていた痕跡があるが、これは消印の跡ががあるので、逓送中に「脱落」したものと思われる。
　なお、記念切手は、軍国主義・帝国主義的な図案であっても、一時的な発行で在庫も少ないという理由で、追放対象外であった。

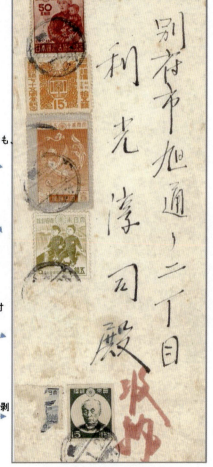

記念切手は、戦前発行の帝国主義的図案でも、追放対象外であった

切手脱落
大型の公園切手と推定される2銭切手が貼付されていたが、逓送途中で脱落

切手剥ぎ取り
引受けた由布院局で、厳島神社30銭切手を剥ぎ取り、右側の余白に収納と朱筆

由布院　昭和23年1月24日　大分縣

第7章関係

追放切手・葉書の見逃し使用例－1

追放切手と楠公葉書の使用に対する措置は厳格に実施されたはずであるが、実際には見逃されて配達された使用例が残されている。

　　　3銭楠公葉書と乃木2銭切手　　　　　　　　厳島神社30銭切手

　　　　　（葉書料金2円）　　　　　　　　　　　（葉書料金2円）

 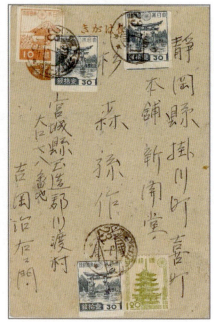

　茅ヶ崎　昭和24年3月13日　神奈川縣　　　　川渡　昭和23年7月19日　★★★

第7章関係

追放切手・葉書の見逃し使用例－2

２銭楠公葉書（葉書料金50銭）　　　５銭楠公葉書（葉書料金50銭）

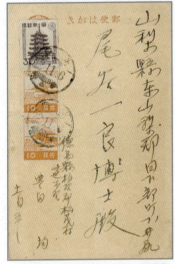 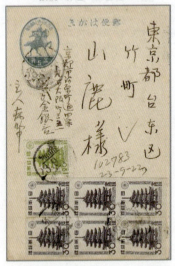

北島　　昭和22年11月6日　　徳島縣　　　　京都　　昭和23年9月20日　　京都府

片面4銭楠公往復葉書（葉書料金2円）

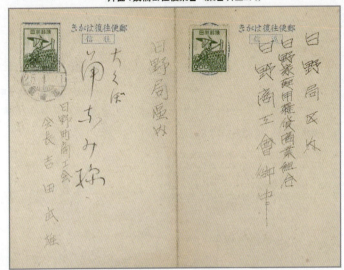

日野　　昭和25年4月11日　　滋賀縣

47

第6章、7章関係

追放切手・葉書の通信事務葉書への転用

　追放切手と楠公葉書は、第6章で示した「郵便切手及郵便葉書の引換後の処分について」によって処理されたはずである。楠公葉書の当局内転用は、郵便競技会で使う擬信紙だけが取り挙げられているが、通信事務の葉書として使用された例がある。郵便使用は絶対に認めないという当時の対応からすれば、印面部分が隠されてはいるものの、甚だしい拡大解釈と思われる。

2銭楠公葉書の印面に紙貼り　　　5銭小型楠公葉書の印面を塗り潰し

 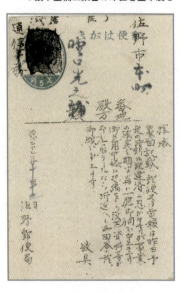

彦根川原局（滋賀県）の使用

佐野局（栃木県）の使用
昭和22年10月13日発信

＊裏面は、簡易保険の規則改正により保険料の集金局が彦根川原局から彦根局に変更された旨の通知である。昭和23年の郵政省設置法制定により、24年6月1日から、地方貯金局の所管事務の範囲及び管轄区域が規定されたことに伴う変更と考えられるので、この通信事務の発信は24年6月と推定される。

追放切手集

追放になった切手と楠公葉書を台紙に貼って、兵庫県西宮局で22年8月31日の和文櫛型印を押印したもの。青色の敵国降伏勅額切手まで貼られているので、当時の関西在住で高いレベルの収集家による作と思われる。

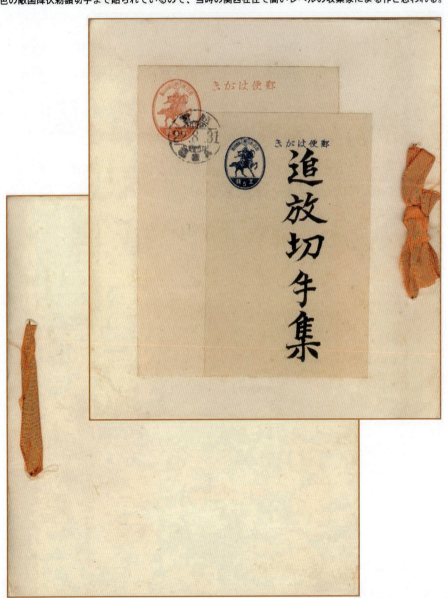